En el principio creó Dios la tierra...

la superficie terrestre

The Bible Tells Me So Press

En el principio creó Dios la tierra...
la superficie terrestre

Un libro para niños producido por
The Bible Tells Me So Press

Traducido del inglés.
Título original: In the Beginning God Created the Earth...The Land
(Spanish translation)

PUBLICADO POR
THE BIBLE TELLS ME SO CORPORATION
WWW.THEBIBLETELLSMESO.COM

Primera impresión, abril 2026.

Dios con propósito
y destreza
creó la tierra
de muchas maneras
maravillosas.

Una de las cosas
más asombrosas
de la tierra
está...

justo debajo de tus pies:
¡la superficie terrestre!

Cuando Dios creó la superficie terrestre,
Él sabiamente la hizo capaz de
moverse (desplazarse,
elevarse y descender)
para que así, Él pudiera
diseñar las montañas,

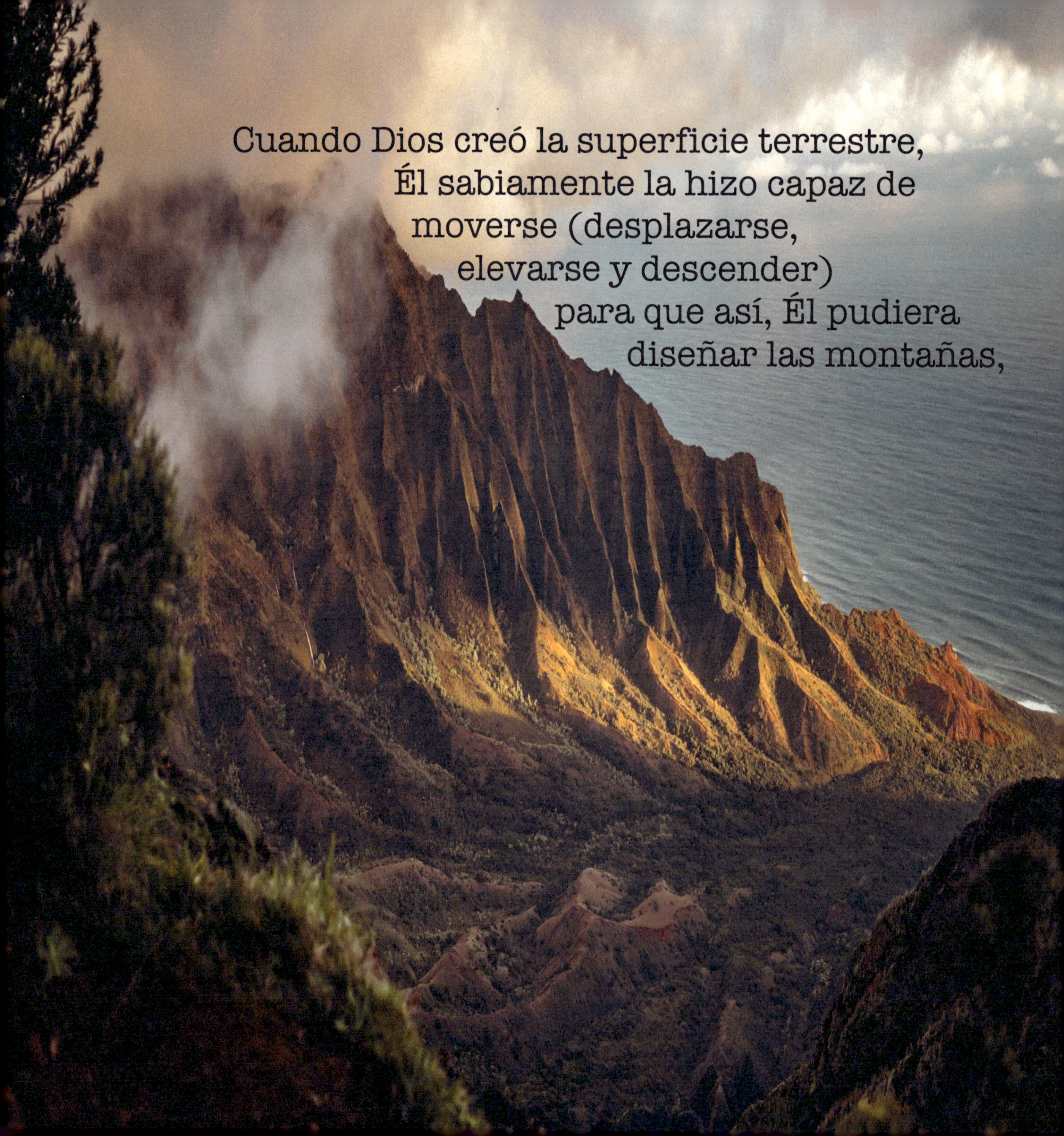

las llanuras, los valles y otras formaciones.

Las montañas son grandes y altas.

También son muy útiles.

Las bajas temperaturas en las cimas de las montañas son perfectas para que el agua congelada descienda como nieve de las nubes.

Las montañas son
una parte importante de un
asombroso sistema de
suministro de agua.

Cuando la nieve se derrite,
el agua fluye por las
montañas como ríos
y manantiales

¡hasta que llega a nosotros!

Dios sabiamente también
diseñó la tierra para que tenga llanuras.

Las sabanas y las praderas
están llenas de plantas y animales.

Los animales grandes, como los elefantes,

disfrutan comer el alimento que crece ahí.

Incluso a los animales pequeñitos,
como este lindo perrito de la pradera,
les encanta vivir
en esos espacios
abiertos.

Las grandes llanuras también son perfectas para que la gente construya granjas y ranchos para poder cultivar y criar animales

o para edificar
ciudades grandes
donde miles,
e incluso millones
de personas
pueden vivir.

Pero eso no es todo.
Las plantas, los animales
y las personas también viven en
cañones y valles profundos
y preciosos.

Los cañones y los valles
son formados de
muchas maneras.

Algunos son esculpidos
en la superficie terrestre
por el agua o el hielo.

Dios, con gran sabiduría, creó
y diseñó cuidadosamente
toda la superficie terrestre

para que
sea justo lo que necesitamos.

No fue un accidente
y no ocurrió
por casualidad.

Toda la superficie terrestre
es perfecta para nosotros
porque Dios la hizo
de esa manera.

¡Gracias, Señor,
por la superficie terrestre

tan hermosa,
útil y asombrosa!

Sí,
Mi mano puso
los cimientos
de la tierra.

Isaías 48:13a

Made in the USA
Monee, IL
05 November 2026

67380078R00024